Edição 2020

Imagens capa:
Shutterstock/ Giedriius
Shutterstock/ pandapaw
Shutterstock/ Alex Satsukawa
Shutterstock/ Leonardo Mercon

Imagens devidamente adquiridas sob licença da Shutterstock para usuário 278330043 com o pedido: SSTK-0DB32-B759

LOCALIZAÇÃO

Os pampas ocupam mais da metade do território do Rio Grande do Sul, e parte de alguns países: Uruguai e Argentina. Na América do Sul, a área do Pampa é estimada em 750 mil km², compartilhada por Brasil, Uruguai e Argentina. Em nosso país, cobre uma área de 178.243 km², representando 2,07% da área terrestre do Brasil.

Shutterstock/ tereza ferreira

QUERO-QUERO

Shutterstock/ Emi

QUE SOM EU FAÇO®

ESCANEAR

A palavra Pampa é um termo do vocábulo indígena quéchua, que significa "área plana", que é uma paisagem muito comum neste bioma, mas não é a única. O Pampa, também conhecido como Campos do Sul, Campos Sulinos ou Campanha Gaúcha, é um bioma que ocupa mais da metade do território do Rio Grande do Sul, e faz parte do Uruguai e da Argentina. No Pampa, o relevo varia de montanhas a planícies, de morros rochosos a coxilhas (elevações). A vegetação em todas essas áreas é muito diversa, dominada por terras nativas, mas também há matas ciliares, matas de encosta, entre outras. Dentre os animais que podem ser encontrados neste bioma, podemos citar veados, capivaras e pequenos roedores.

FAUNA

O bioma Pampa é muito rico e diversificado, sendo caracterizado por uma grande variedade de aves, mamíferos, artrópodes, répteis e anfíbios. Estima-se que existam cerca de 500 espécies de pássaros, mais de 100 espécies de mamíferos, 50 espécies de anfíbios e 97 de répteis em sua fauna, das quais cerca de 40% são endêmicas.

O Veado-Campeiro, é um mamífero ruminante, que embora sejam conhecidos por serem encontrados em ambientes ao ar livre (como os pampas), por serem espécies ameaçadas de extinção, é cada vez mais difícil vê-los entre os animais do bioma. A raça é o Ozotoceros bezoarticus celer.

O Quero-Quero (Vanellus chilensis) é um dos animais do pampa e também é amplamente conhecido em outras partes do Brasil. Apesar de não chamar muita atenção devido ao seu tamanho médio, esta ave costuma ser lembrada por sua territorialidade ao proteger seu ninho de qualquer intruso.

Existem cerca de 480 espécies de aves na parte brasileira do bioma Pampa, entre elas 109 são aves basicamente campestres, 126 são de ambientes aquáticos e 126 são florestais, usando principalmente florestas que existem ao longo de rios e córregos. Do total de aves encontradas no bioma, 50 estão ameaçadas de extinção. Existem muitas espécies típicas de capinzais nativos que estão ameaçadas, algumas dessas espécies são migratórias e aparecem sazonalmente em campos limpos do Brasil Central, onde estão tão ameaçadas quanto no sul do país.

CURIOSIDADE

Estima-se que existam mais de 450 espécies de gramíneas, bem como cerca de 150 espécies de plantas compostas e leguminosas.

Vegetação e flora

O Pampa possui uma enorme diversidade de plantas, cerca de 3 mil espécies podem ser encontradas em campos nativos, florestais e rochosos. Sua principal característica é o fato de se apresentar de forma homogênea: é basicamente composta por campos de gramíneas e outras espécies rurais, com algumas árvores. Existem também áreas de transição com o bioma das araucárias, os campos de alta serra e ainda regiões de campos com formações vegetais parecidas com a savana. São conhecidas pelos menos 515 espécies diferentes que são típicas desse bioma, o que abrange cerca de 2% do território nacional. Alguns exemplos de plantas que fazem parte dos pampas são: nhandavaí, louro-pardo, pau-de-leite, cedro, canjerana, guajuvira, babosa-do-campo, guatambu, grápia, palmeira anã, capim-forquilha, grama-tapete, cabelos-de-porco.

CONHEÇA OS TIPOS DE VEGETAÇÃO

ESCANEAR

Além da tradicional produção de licores e cachaças, o butiá também é utilizado na produção de sucos e doces. Os butiazais são fonte de múltiplos serviços ambientais como de informação/cultural, de produção e de manutenção de habitat. Esses serviços só podem ser fornecidos em áreas rurais onde essas paisagens ainda existem.

SOLO

Na região dos Pampas, o solo é fértil, portanto, essas áreas costumam ser usadas para o desenvolvimento de atividades agrícolas. Devido à sua cor avermelhada, o solo recebeu o nome de "terra roxa", o nome dado pelos italianos que vieram para o Brasil trabalhar na Lavoura. Eles chamavam o solo de "terra rossa" porque em italiano, rosso é vermelho. Nas regiões de planalto, os solos também são ligeiramente avermelhados, mas não tem a fertilidade da terra roxa. Em termos de recursos do solo, ele possui um alto teor de areia e, portanto, é vulnerável à erosão. Existem áreas arenosas e de dunas no sudoeste do Rio Grande do Sul (Alegrete, Quaraí, Cacequi). Certas áreas dos pampas estão passando por desertificação devido à supressão da vegetação nativa e substituição por monocultura ou pasto.

CONHEÇA O RELEVO

ESCANEAR

O relevo do Pampa é ligeiramente ondulado (coxilhas) e são cobertos por gramíneas e ervas típicas deste ambiente. Por suas características próprias, é um bioma amplamente utilizado na pecuária. Além das coxilhas, existem alguns planaltos, cavernas e grutas. A pedra do Segredo, em Caçapava do Sul, tem 160 metros de altura e contém três cavernas em seu interior.

SOJA (Glycine max)

A cultura da soja é hoje a mais importante do agronegócio mundial. Somente em 2018, movimentou cerca de 31,7 bilhões de dólares.

GEADA

Geada é a formação de uma camada de cristais de gelo na superfície ou na folhagem exposta devido à queda de temperatura.

Clima

Típicos do Rio Grande do Sul (e também da Argentina e Uruguai), os pampas têm clima subtropical úmido, sendo a temperatura média anual de 19°C. As quatro estações são bem definidas, as chuvas concentram-se no inverno, com uma precipitação média anual de 1.200 mm. As temperaturas no verão pode chegar a 35°C, enquanto no inverno as temperaturas possuem uma média negativa. A geada é muito comum e neva ocasionalmente, esta é a região com maior amplitude térmica do país, ou seja, a região com maior variação de temperatura. A latitude fortalece a influência da qualidade do ar das regiões polares, bem como da área tropical continental e Atlântica. Os movimentos e encontros dessas massas definem muitas de suas características climáticas, entre elas as tempestades fortes na primavera e no verão, com relâmpagos frequentes e topos de nuvens convectivas mais altos do mundo. Tempestades severas podem produzir granizo intenso e inundações.

Shutterstock/ alex rodrigo brondani

HIDROGRAFIA

O Pampa cobre uma área composta por duas bacias hidrológicas: a bacia hidrográfica Costeira do Sul e a bacia do Rio da Prata. A Bacia do Uruguai serve de fronteira entre Brasil, Uruguai e Argentina. Temos como os principais rios deste bioma: Santa Maria, Uruguai, Jacuí, Ibicuí e Vacacaí, esses rios oferecem boas condições de navegação, constituindo verdadeiras hidrovias na região e apresentam excelente potencial hidrelétrico. Seu fluxo de água está sujeito ao clima subtropical, portanto não há grandes variações ao longo do ano, pois o clima subtropical apresenta a regularidade das chuvas ao longo de todo o ano. Também existem muitos lagos e lagoas próximos ao litoral. A Lagoa dos Patos é um exemplo, que está localizada no município de São Lourenço do Sul, é a maior lagoa do Brasil e a segunda maior da América Latina, com extensão total de 265 km.

Shutterstock/ Lisandro Luis Trarbach

Da chegada dos primeiros casais açorianos ao atual desenvolvimento econômico da região, Guaíba é um grande lago histórico e culturalmente ligado a Porto Alegre. Sua bacia hidrológica cobre uma área de 85.950 km², o equivalente a 30% do território do estado. Nela se encontra o mais importante pólo industrial do estado, que concentra dois terços da produção industrial do Rio Grande do Sul, e o centro urbano mais populoso, onde a população chega a 70%. Os rios que formam o Guaíba são: Jacuí (84,6%), Sinos (7,5%), Caí (5,2%) e Gravataí (2,7%), também recebe água de córregos localizados em suas margens, abrangendo uma área de drenagem de um terço do território do Rio Grande do Sul.

RIO URUGUAI

A Bacia do Uruguai é uma das regiões hidrográficas do Brasil. Essa bacia possui uma extensão total de 385.000 km².

Peito-vermelho-grande

O Peito-vermelho-grande é uma ave da ordem dos Passeriformes da família Icteridae. Encontra-se extinto no Brasil.

AMEAÇAS

Pampa é um bioma com rica biodiversidade, incluindo muitas espécies endêmicas, por isso é uma importante fonte de recursos genéticos. É um patrimônio natural e cultural com importância nacional e global. Desde a colonização ibérica, o pastoreio em grande escala nos campos locais tem sido a principal atividade econômica da região. A introdução gradual e a expansão de monoculturas e pastagens com espécies exóticas levaram à rápida degradação e descaracterização da paisagem natural do Pampa. Estima-se que em 2008, apenas 36% de sua vegetação nativa foi mantida. Muitas áreas foram afetadas e não podem ser utilizadas devido à baixa produtividade e seu manejo insustentável, ou estão degradadas por conta do sobrepastoreio. Essa biodiversidade é responsável por muitos serviços ecossistêmicos, como: armazenamento de carbono; purificação da água; controle de pragas agrícolas; controle da erosão do solo; e reposição de sua fertilidade. O que torna este bioma tão importante para nosso ecossistema.

Shutterstock/ ANGELICA FLORES CEZAR

MAPA DO USO DA TERRA NO BIOMA

ESCANEAR

O Aquífero Guarani é considerado o maior reservatório subterrâneo de água doce do planeta, com uma área aproximada de 1,2 milhões de km², e está localizado em quatro países: Uruguai, Argentina, Paraguai e Brasil. Segundo dados da Agência Nacional de Águas (ANA), as reservas permanentes de água são de aproximadamente 45 mil km³, dos quais aproximadamente 65% estão localizados em território brasileiro.

PRESERVAÇÃO

Apesar da abundância de espécies, a vegetação da região sul não está totalmente protegida pelas atuais políticas de conservação. É o menor bioma do Sistema Nacional de Unidades de Conservação (SNUC), representando por apenas 0,4% da área continental brasileira protegida por unidades de conservação. A implantação de mais unidades de proteção, a recuperação de áreas degradadas e a implantação de mosaicos e corredores ecológicos são consideradas ações prioritárias de proteção em conjunto com a fiscalização e a educação ambiental.